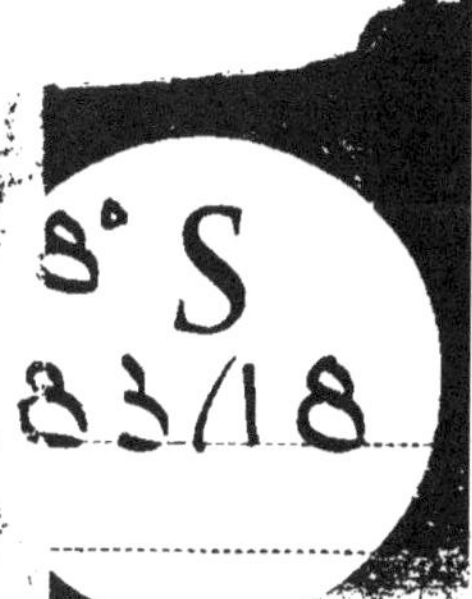

Champagne

PAR

ALPHONSE GUÉRARD

REIMS
MATOT-BRAINE, IMPRIMEUR-LIBRAIRE
HENRI MATOT, FILS & SUCCESSEUR
6, Rue du Cadran-Saint-Pierre, 6

1894

LE PHYLLOXÉRA EN CHAMPAGNE

Le Phylloxéra

EN

Champagne

PAR

ALPHONSE GUÉRARD

REIMS
MATOT-BRAINE, IMPRIMEUR-LIBRAIRE
HENRI MATOT, FILS & SUCCESSEUR
6, Rue du Cadran-Saint-Pierre, 6

1894

SOMMAIRE

Au Docteur Gustave Guérard

Je dédie

Cette modeste étude

En témoignage

De notre fraternelle amitié.

ALPHONSE GUÉRARD.

PRÉFACE

Monsieur Alphonse Guérard,

Le succès de votre travail est assuré. Avec une juvénile ardeur, emporté par une conviction profonde, vous exposez la question du Phylloxéra en Champagne sous son véritable jour.

A la première lecture, il est aisé de reconnaître que les notions scientifiques du sujet vous sont familières ; et dans une série d'alinéas simples et précis, à la portée de toutes les intelligences, vous traitez avec un élégant brio le grand problème de la lutte contre l'infiniment petit.

Vos appréciations sur les divers modes de traitements prêteront assurément encore à la controverse, mais les intéressés immédiats y trouveront un terrain de conciliation.

Le temps presse ; l'ennemi couvre nos coteaux de ses hordes dévastatrices : il faudra bientôt faire flèche de tout bois, si notre riche et fameux vignoble n'est pas rigoureusement et méthodiquement défendu !

Sympathiquement à vous.

Dr H. JOLICŒUR.

6 Mai 1894.

INTRODUCTION

Fais ce que dois

Lorsque l'idée me vint de consacrer une des brochures de ma *Petite Bibliothèque de propagande agricole* à la question du phylloxéra en Champagne, j'allai faire part de mon projet à un ami, qui s'occupe un peu de viticulture et beaucoup de politique.

— Très bien, me dit-il, excellente idée ! Mais, pardon, pour qui êtes-vous ?

— Pour qui ?

— Eh oui ! Etes-vous pour ou contre le Syndicat, pour ou contre son Comité directeur, pour ou contre les vignerons, pour ou contre les négociants ? Vous avez bien, que diable, de secrètes sympathies, des préférences personnelles ?

— Mon Dieu, non. J'ai cherché tout uniment la vérité, sans me préoccuper de savoir si elle plairait à Pierre ou à Paul, si elle servirait les intérêts de tel ou tel groupe. Pour la trouver, j'ai groupé sans parti pris, avec la plus stricte impartialité, les opinions de nos savants les plus autorisés, les observations de nos praticiens les plus experts, et j'ai conclu de mon mieux. N'est-ce pas la bonne méthode ?

Mon interlocuteur eut un léger haussement d'épaules.

— Grand bien vous fasse, mon cher ami ! Ces beaux sentiments vous honorent. Mais croyez-vous que l'on appréciera tant que cela cette parfaite indépendance d'esprit. J'ai bien peur qu'avec tout cela vous ne tiriez pas à cinquante exemplaires. Votre brochure fera long feu ; votre essai de propagande échouera misérablement ; et vous en serez, une fois de plus, pour vos frais d'impression et votre temps perdu.

Je le quittai sur cette sombre prophétie.

Se réalisera-t-elle ?

Il se peut. Mais qu'importe !

J'ai la conviction intime, profonde, inébranlable, qu'il est temps et grand temps de changer de tactique dans la lutte contre le phylloxéra, et que, si on ne s'y décide pas immédiatement, la Champagne est perdue.

En sonnant l'alarme, je crois agir en bon et fidèle Champenois, et faire scrupuleusement mon devoir de journaliste.

Pour le reste, advienne que pourra !

Alphonse GUÉRARD.

Reims, 23 mars 1894.

LE ROI DES VIGNOBLES

UN CAPITAL DE CENT MILLIONS. — LES GRANDS DOMAINES ET LA PETITE PROPRIÉTÉ. — NOS EXPORTATIONS. — SOLIDARITÉ SOCIALE. — VIVE LA CHAMPAGNE !

Ainsi, c'en est fait ! La Champagne est envahie, définitivement et complètement envahie par le phylloxéra. Le roi des vignobles est à son tour aux prises avec les pullulentes légions de l'impitoyable ravageur.

Notre vigne champenoise sortira-t-elle triomphante de la formidable lutte pour l'existence qui va s'engager ? A quelles conditions ?

Peut-on encore s'en tirer avec l'application énergique des traitements d'extinction et le sacrifice héroïque de quelques hectares ?

Faut-il recourir aux traitements culturaux, notamment aux insecticides ?

Ou bien enfin sera-t-on fatalement amené à chercher le salut dans la reconstitution radicale au moyen des cépages américains ?

Avant d'examiner ces questions assez complexes, je crois utile de jeter un coup d'œil rapide sur le vignoble champenois et sur l'industrie des vins de Champagne, afin de mieux faire ressortir les risques que nous courons et les ruines qui nous attendent, si nous n'y prenons garde, et si nous ne nous mettons tous résolument à l'œuvre pour enrayer les progrès de l'implacable fléau dans notre belle et riche province.

Ensuite, comme tout le monde n'est pas encore, je le crains, suffisamment renseigné sur la biologie du phylloxéra et sur la nature de ses ravages, j'essaierai, en quelques pages sommaires, de fournir à mes lecteurs des notions claires et précises sur chacun de ces points.

*
* *

Le vignoble champenois s'étend sur une surface de 16.000 hect. (1), répartis entre plus de 300 communes. L'arrondissement de Reims compte à lui seul près de 7.000 hect., celui d'Epernay 5.000; ceux de Châlons, de Vitry et de Sainte-Ménehould se partagent le reste.

La population viticole comprend 17.000 vignerons proprement dits. Ce n'est qu'en tenant compte des treilles et des jardins que l'on arrive au chiffre souvent cité de 25.000 propriétaires de vignes.

Un quart du vignoble appartient à de grands propriétaires et à de gros négociants en vins. Quelques-uns de ces derniers possèdent d'énormes étendues; la maison Moët et Chandon, entre autres, est à la tête de plus de 500 hectares; la maison Louis Roederer et Cie est propriétaire de 100 hectares, et la maison Veuve Pommery fils et Cie de 100 hectares.

Les vignes de la Champagne ont acquis, dans la seconde moitié de ce siècle, une valeur considérable. Le prix de l'hectare, qui variait il y a une cinquantaine d'années entre 1.200 francs et 7.000 francs, est aujourd'hui coté, suivant la contrée, la nature du sol, l'exposition ou le cépage, depuis 1.800 francs jusqu'à 30,000 francs, voire même beaucoup plus encore.

En estimant très approximativement la valeur moyenne de l'hectare à 6.000 francs, l'ensemble du vignoble champenois représente un capital de 100 millions de francs.

*
* *

Sur les 16.000 hectares du vignoble champenois, 8.000 environ sont plantés en cépages d'une remarquable finesse, donnant dans les années favorables des produits d'une délicatesse incomparable. Ce sont : 1° les pinots noirs de diverses variétés, désignés dans le pays sous les noms de pinot proprement dit, vert doré, plant vert, plant doré, plant de Cumières, etc. ; 2° le pinot blanc Chardonnay, qui porte le nom d'épinette ; 3° le pinot gris ou fromenteau ; 4° le meunier et le meslier.

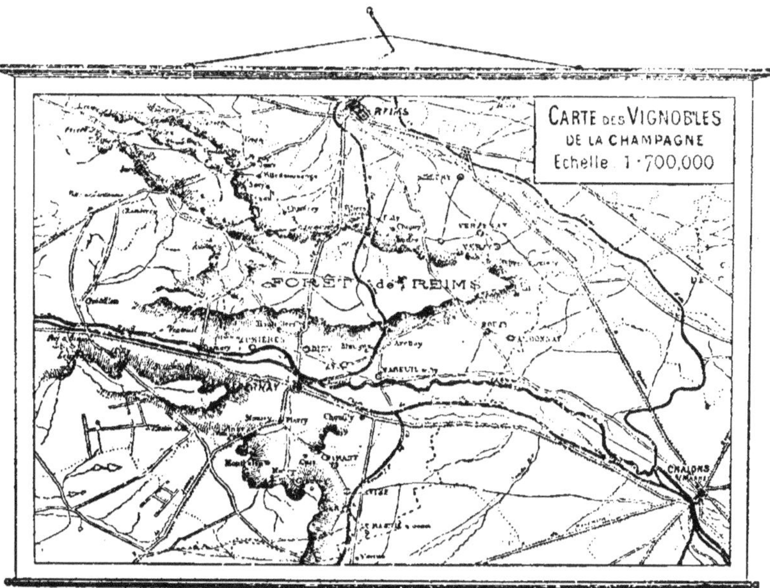

Dans les 8.000 autres hectares on cultive plusieurs espèces donnant des produits de qualité inférieure mais plus abondants : 1° le gamay, plus connu dans la région de l'Est sous la désignation de grosse race, liverdun, bourguignon ; 2° le gouais et quelques autres variétés aussi communes (2).

Les trois quarts de la récolte sont en raisins noirs.

*
* *

La culture de la vigne dans le département de la Marne, et surtout dans certaines localités à crus renommés, comporte des procédés d'un raffinement excessif, qui compliquent singulièrement la main-d'œuvre et la rendent fort coûteuse. Le prix de cette main-d'œuvre atteint souvent 1.500 francs par hectare et par an. Encore faut-il ajouter à cette somme la prime d'amortissement des frais de premier établissement : acquisition de terrain, plantation, assizelage, achat de 40 à 50.000 échalas, etc.

*
* *

La production annuelle du vignoble, d'après la moyenne des dix dernières années, est de moins de 350.000 hectolitres (3), sur lesquels un peu plus de moitié seulement, soit 200.000 hectolitres, sont convertis en vins mousseux.

Les crus de la montagne de Reims, de la vallée de la Marne et de la côte d'Avize atteignent presque tous des prix élevés, quelquefois même fabuleux ; dans certaines années exceptionnelles, 1889 par exemple, on a vu la pièce de deux hectolitres se vendre de 900 à 1.800 francs.

Les négociants en vins de Champagne livrent chaque année plus de 4 millions de bouteilles à la consommation intérieure et plus de 21 millions de bouteilles à l'étranger.

Ces expéditions à l'Angleterre, à la Russie, aux Etats-Unis, à l'Allemagne, etc., représentent une exportation annuelle de plus de 60 millions de francs, soit plus du quart du commerce total des vins d'exportation, évalué à 235 millions de francs.

*
* *

Qu'on y songe !

Voilà ce qui est en jeu : une exportation annuelle de 60 millions, ce qui, au taux actuel de l'intérêt, équivaut au revenu d'un capital de 2 milliards.

Vous avez bien lu ?

Tous les ans une somme égale au revenu de 2 milliards nous est expédiée par les riches et les heureux de tous les recoins du monde, par les lords d'Angleterre, les boyards de Russie, les millionnaires, ou plutôt non je me trompe, les milliardaires des Etats-Unis.

Et tout cet or, notez-le bien, n'enrichit pas seulement nos grands négociants en vins de Champagne. Des légions d'employés et d'ouvriers, des milliers de vignerons et de travailleurs ruraux, en profitent également, et avec eux, par contre-coup, une foule de gros industriels ou de petits commerçants de notre région.

*
* *

Aussi ne puis-je comprendre l'étrange raisonnement que j'entends souvent tenir :

« Le phylloxéra en Champagne ? La disparition de nos vignes ? Qu'est-ce que cela peut bien nous faire ? En quoi cela peut-il intéresser les neuf-dixièmes de nos concitoyens : la classe ouvrière et la petite bourgeoisie ? Du temps où l'on avait encore quelque chance de trouver, comme avant 1860, de bons vins de la Marne à 70 francs la pièce (4), passe encore ! Mais ce temps-là n'est plus. On ne parle plus en Champagne que de vins de luxe à 1.000 ou à 1.500 francs la pièce, et ces vins-là ne sont plus faits pour nous. »

C'est vrai, je l'accorde, qu'on n'en boit guère, chez les petites gens, de ces jolis vins-là ; mais on y vit de l'argent de ceux qui en boivent.

Et c'est déjà quelque chose.

*
* *

Et puis, franchement, en dehors de l'intérêt matériel plus ou moins direct que nous pouvons avoir, nous autres Champenois, à la prospérité du commerce des vins de Champagne, n'y a-t-il pas là une question plus haute, une question de simple solidarité sociale, de pur patriotisme, le mot n'est pas trop fort.

Si notre province a conquis une si brillante réputation, si nous sommes si fiers tous de notre nom de Champenois, ne le devons-nous pas à ces laborieux vignerons et à ces commerçants ingénieux, qui, sur leurs coteaux ensoleillés et dans leurs caves profondes, travaillent de concert à la production et à la fabrication de notre vin de Champagne, du premier vin du monde.

Rester indifférent au désastre qui les menace, pour qui se donne la peine de réfléchir, serait une ingratitude sans nom.

Pour un vrai Champenois, tout ce qui touche au vin de Champagne doit être sacré.

DESCRIPTION DU PHYLLOXÉRA

UN VULGARISATEUR DANS L'EMBARRAS. — LES MÉTAMORPHOSES DE L'INSECTE. — L'ŒUF D'HIVER. — VIERGES ET PONDEUSES. — L'ESSAIMAGE. — LES SEXUÉS. — LA VIE ET LA MORT.

Peu de questions ont autant fait gémir les presses que la question phylloxérique ; et, à en juger par le nombre considérable de gros volumes, de petites brochures, d'articles de journaux et d'affiches qu'on lui a consacrés, il semblerait que tout le monde aujourd'hui dût savoir à quoi s'en tenir sur le phylloxéra, sur ses mœurs intimes, sur ses effroyables facultés de reproduction, sur ses modes variés de propagation, enfin sur la nature et la gravité de l'œuvre de dévastation entreprise par ses insatiables phalanges.

Nous n'en sommes pas encore là malheureusement.

Dans mes conversations avec les vignerons, j'ai été à diverses reprises atterré des histoires de l'autre monde que je leur entendais conter, et qui me prouvaient surabondamment que beaucoup d'entre eux n'ont encore que de vagues notions sur le redoutable envahisseur, qui guette leurs précieuses plantations.

Pour parer à cette lacune, je vais essayer de retracer à nouveau dans cette brochure les phases assez complexes de l'évolution biologique du phylloxéra, et, pour faciliter cette étude délicate, je m'attacherai surtout à lui donner une forme aussi simple et aussi saisissante que possible.

*
* *

Je revois encore la tête d'un bon vieux paysan, qui, assis sur un banc, non loin de moi, lisait dans un manuel populaire la description savante des métamorphoses du phylloxéra vastatrix.

Après avoir établi méthodiquement que ce phylloxéra appartient à l'embranchement des articulés, au groupe des entomozoaires, à la section des suceurs, à l'ordre des hémiptères, à la division des homoptères, à une tribu intermédiaire entre les aphidiens et les cocciens, — l'auteur de ce manuel abordait la classique classification : aptères agames gallicoles, aptères agames radicicoles, nymphes, hémiptères agames, aptères sexués polygames, — et il terminait consciencieusement par des considérations transcendantes sur le polymorphisme phylloxérien, la génération par gémination, les pseudova et la parthénogénèse. Ouf !

C'était très fort évidemment, mais mon brave voisin avait beau s'écarquiller les yeux et faire les plus louables efforts pour voir clair dans ces inextricables dédales scientifiques, sa vieille cervelle se regimbait, et la réflexion qu'il me fit me laissa songeur :

« Ah, Monsieur, il a l'air de joliment connaître son affaire, cet homme ; mais, tout de même, est-ce qu'il n'y aurait pas une façon de dire tout ce qu'il dit, tout en le disant autrement ? »

Il avait raison, le vieux. Mais ce n'est pas toujours chose si facile de se faire comprendre de tout le monde. Y arriverai-je ?

*
* *

Le point de départ de toute colonie phylloxérique

est ce qu'on a appelé l'œuf d'hiver (5). Nous verrons plus loin ce qu'il faut entendre par là.

L'œuf d'hiver mesure un quart de millimètre de longueur et un dixième de millimètre d'épaisseur. Lorsqu'il vient d'être pondu, à l'automne, sa teinte est d'un jaune pâle, mais cette couleur tourne vite au vert parsemé de petites taches noires. On le trouve d'ordinaire déposé sous l'écorce du bois de deux ans, au-dessous du sarment de l'année, au fond des petites galeries qui résultent de la séparation établie entre la jeune écorce et la vieille.

Cet œuf passe l'hiver sans éclore. Ce n'est qu'au printemps, dans la première quinzaine d'avril, dès que l'air s'attiédit, qu'il donne naissance à un insecte minuscule, qui, dans nos contrées un peu froides, adopte la vie souterraine et descend immédiatement vers le sol pour se fixer sur les racines (5 *bis*).

*
* *

Je ne m'attarderai pas à faire une description minutieuse de cet insecte, dont on a pu souvent contempler la vilaine image dans nos mairies, dans les salles d'attente de nos gares et dans plusieurs almanachs et annuaires de notre département.

Comme on a pu s'en rendre compte, le phylloxéra, sous sa première forme, est privé d'ailes. C'est une sorte de pou imperceptible, légèrement dodu et renflé. Sa teinte passe successivement du jaune pâle un peu gris à un jaune verdâtre et sale et finalement au brun. Sa taille à l'état adulte est de trois quarts de millimètres de longueur et de un demi-millimètre d'épaisseur. C'est dire s'il passe facilement inaperçu.

Quand on examine une racine couverte de phylloxéras à l'œil nu, on ne distingue guère qu'une traînée vague de points jaunes : il faut s'aider de verres grossissants pour voir que cette tache se décompose en une poussière mobile d'insectes groupés en masses serrées.

A peine sorti de l'œuf d'hiver, l'insecte cherche sur les jeunes ramifications des racines une place à sa convenance, c'est-à-dire un tissu tendre, gorgé de sève et facile à attaquer. Dès qu'il l'a trouvé, il s'immobilise brusquement, et, enfonçant jusqu'à la moelle sa large trompe effilée et grêle, il se gave gloutonnement des sucs nourriciers de la plante.

Au bout de quinze à vingt jours de ce régime et après trois mues successives, il atteint son développement parfait, et il se met alors en devoir d'assurer la perpétuité de sa race.

*
* *

Quand je dis IL c'est une façon de parler. Par suite d'une combinaison impénétrable de la nature, la génération issue directement des œufs d'hiver ne comprend que des créatures sans sexe bien déterminé (6).

Quoique condamnée par l'inexorable destin à vivre de la vie des vestales, notre bestiole n'en a pas moins un ovaire des mieux garnis. On peut la considérer comme une femelle d'un genre spécial.

Dans les premiers jours de mai, cette vierge pondeuse donne naissance à une trentaine d'œufs d'un jaune soufre disséminés en petits tas autour d'elle, puis, son œuvre de procréation terminée, elle tombe en torpeur, se dessèche, se ride et meurt. Que le diable ait son âme !

*
* *

Les œufs de cette mère fondatrice éclosent au bout d'une semaine, parfois même plus tôt dans la saison chaude, et les jeunes insectes qui en sortent, passent par des phases semblables à celles que je viens de décrire.

Comme leur mère, ces nouvelles venues commencent par attaquer les racines, puis, toujours comme leur mère et sans avoir subi l'intervention d'aucun mâle (7), elles déposent à leur tour chacune trente œufs nouveaux.

Et ce n'est pas fini. Ces étonnantes machines à pondre continuent à fonctionner de la même façon pendant les diverses générations, qui s'échelonnent jusqu'au mois de septembre. On en compte cinq ou six dans l'année. Si bien que, au bout de la cinquième génération, cette intéressante famille compte plusieurs millions d'individus.

On juge de l'énorme surface qu'un millier d'œufs de ce genre peuvent couvrir en peu de temps. Un de nos agronomes (8) a eu la patience de résoudre ce problème.

Les produits de ces mille œufs, paraît-il, en les mettant bout à bout, côte à côte, les uns contre les autres, couvriraient en un an une étendue d'un hectare. Supposez-en plusieurs dizaines ou plusieurs centaines de mille, ce qui est une supposition très modeste, et vous vous ferez une idée de la prodigieuse rapidité avec laquelle le fléau se répand, gagne de proche en proche d'immenses étendues, dévore tout sur son passage et finit par ne laisser à la place de ceps fertiles et de pampres luxuriants que des coteaux arides ou de ruines lamentables.

Les femelles sans ailes et à existence souterraine, grâce à leur extrême petitesse, circulent avec la plus grande facilité dans le sol et peuvent ainsi quitter les racines épuisées pour d'autres plus aptes à nourrir leurs légions faméliques. Elles se faufilent, s'infiltrent à travers les crevasses de la terre desséchée, les galeries creusées par les insectes, les interstices des cailloux. Lorsque ce genre de communications leur manque, elles montent à la surface du sol (9) et gagnent ainsi les ceps voisins.

*
* *

En dehors de ces moyens de propagation, utiles seulement pour de faibles distances, la nature prévoyante (un peu trop pour notre malheur !) a doté l'espèce phylloxérienne d'un autre mode de locomotion plus rapide qui lui permet de longues étapes, et grâce auquel elle va chercher au loin, dans des vignobles éloignés de plusieurs lieues, la pâture qui ne tarderait pas à faire défaut aux colonies souterraines en raison de leur vertigineuse multiplication.

Nous venons de voir à l'œuvre la première forme du phylloxéra, celle des pondeuses sans ailes et sans sexe, souterraines et sédentaires, voici venir la seconde forme, celle des pondeuses aériennes et voyageuses, également privées de sexe, mais pourvues d'ailes.

Vers la fin de juillet on voit par èndroits surgir des fissures du sol une multitude de petites pondeuses sans ailes, qui s'agitent et tournoient autour d'autres pondeuses plus sveltes, plus allongées, plus élégantes avec leur ventre jaune, leur corselet noir et leurs quatre grandes ailes chatoyantes et irisées, dont les fortes nervures dénotent de bonnes voilières. Il semble que tout ce grouillant petit monde se soit réuni pour faire ses adieux aux légères et hardies émigrantes, prêtes à prendre leur vol pour les régions ignorées et lointaines.

Ces essaims voyageurs, lorsqu'aucun obstacle imprévu, chaîne de montagne ou forêt, ne vient contrarier leur vol, se répandent dans un rayon d'une dizaine de kilomètres. Mais, pour peu que le vent souffle en tempête, ils peuvent être entraînés à des distances dix fois plus grandes et franchir d'une seule envolée des centaines de kilomètres.

Une fois atterries, les pondeuses ailées se posent sur les parties aériennes de la vigne.

Moins fécondes que leurs sœurs des racines, elles ne pondent que quatre à cinq œufs, qu'elles logent dans le duvet des jeunes feuilles, ou dans les écorces en exfoliation (10).

Ces œufs d'un jaune intense lorsqu'ils approchent de leur maturité, sont de grosseurs très différentes, mesurant les uns $0^{mm}40$ sur $0^{mm}20$ et les autres $0^{mm}24$ sur $0^{mm}12$.

*
* *

Nous arrivons à la troisième forme du phylloxéra, celle des individus, à nouveau privés d'ailes mais différenciés entre eux par des sexes bien déterminés.

Des gros œufs déposés par les essaims migrateurs sortent des femelles sans ailes, de vraies femelles cette fois, propres à la fécondation. Les petits œufs donnent naissance à des mâles, également sans ailes, pourvus d'organes de génération très développés.

Ces mâles et ces femelles ne vivent que quelques jours. Pendant cette existence éphémère, ils ne prennent aucune nourriture : leur trompe est atrophiée et l'appareil digestif leur manque. Ils ne se préoccupent que du soin de la reproduction. A peine sortis de la coque, ils s'accouplent.

La fécondité des femelles vraies est encore plus restreinte que celle des pondeuses ailées. Elles ne pondent qu'un seul œuf, le curieux œuf d'hiver décrit au début de cet exposé, l'œuf initial, d'où doit sortir au printemps suivant la mère fondatrice d'une nouvelle colonie, semblable à celle dont nous venons d'étudier l'évolution.

*
* *

Il me reste, pour en finir avec la description du phylloxéra, à signaler un fait d'une importance capitale.

Les pondeuses souterraines, que nous avons vu monter à la surface du sol et escorter les ailées au moment de l'essaimage d'été, ne disparaissent pas toutes en hiver.

Les jeunes larves persistent. Simplement engourdies par le froid, elles restent fixées aux racines sans remuer et sans manger, pour s'éveiller à nouveau à la vie aux premiers souffles printaniers, et pour reprendre de plus belle leur ponte infernale, en avril, quand la vigne entre en pleurs.

Et la pauvrette, hélas, n'est plus seule à pleurer !

Il en est d'autres pour qui l'avenir n'est guère plus consolant.

Car si, pour la vigne, c'est la mort, la mort lente et fatale ;

Pour le vigneron, c'est la misère, la misère noire, souvent plus triste que la mort.

LA VIGNE MALADE

LES SYMPTOMES DU MAL. — RÉSISTANCE RELATIVE DES VIGNES CHAMPENOISES. — MARCHE INSIDIEUSE DE L'ENNEMI. — LES EXPÉRIENCES DE MONTPELLIER. — LE DÉNOUEMENT PROBABLE.

Sous la succion impitoyable des millions d'insectes, que nous avons vus tout à l'heure à l'œuvre, la vigne ne tarde pas à languir et à dépérir.

Les racines s'altèrent gravement : l'extrémité des radicelles se gonfle et s'allonge en forme de fuseau. Ce renflement, d'abord transparent, puis d'un jaune clair, enfin d'un brun noir ne conserve sa forme que peu de temps ; il finit par s'affaisser et tomber en pourriture.

Si l'insecte, au lieu de se fixer sur une radicelle, attaque une racine plus volumineuse, la surface, d'ordinaire lisse, devient raboteuse et noueuse, le bois prend une teinte d'un rouge violacé et finit également par pourrir.

Cette désorganisation progressive des organes essentiels de la nutrition se traduit vite par un affaiblissement de la végétation. Tout d'abord les vrilles cessent de se développer à la pousse d'août-septembre, les feuilles jaunissent, se contournent sur les bords et tombent prématurément ; l'année suivante, les pousses n'ont plus la même vigueur, la fructification diminue, les raisins sont plus petits et ne mûrissent pas, le bois s'aoute mal. Une année encore et le déclin s'accentue, l'agonie vient, puis la mort.

Les vignes malades du phylloxéra présentent généralement un aspect tout particulier, qui permet de diagnostiquer le mal dont elles souffrent.

Tout le monde a vu, au moins sur les affiches officielles, les fameuses taches en forme de cuvette. Au centre un cep nu, complètement perdu ; autour de ce cep mort, d'autres ceps d'apparence chétive, n'ayant que quelques rares feuilles et pas degrappes ; près du bord, une ceinture de ceps à feuilles flétries, jaunâtres ou rougeâtres ; enfin des ceps verts, luxuriants, où l'atteinte de l'insecte est à peine sensible.

Ce phénomène s'explique aisément.

Supposons une ailée ou une pondeuse souterraine amenées par un coup de vent dans une vigne saine. L'insecte se fixe sur un cep et y fait sa ponte. Ce cep seul se trouve envahi au début par la vermine issue de cette ponte. Mais les ceps qui l'avoisinent ne tardent pas à être assiégés à leur tour. Une autre rangée y passe encore, et ainsi de suite : la contagion augmente tous les ans, s'étend comme une tache d'huile. En quatre ou cinq ans généralement la vigne disparait.

* * *

Je dis « généralement » avec intention.

Nos vignes champenoises résistent plus longtemps que la plupart de celles, que l'on avait observées jusqu'ici, dans l'Hérault, dans la Gironde, dans les Charentes et dans un grand nombre d'autres départements (11).

Les diverses raisons qui ont été données de cette

résistance relative, ne sont pas toutes également fondées.

*
* *

D'après une première hypothèse nos cépages, et particulièrement nos pinots, seraient réfractaires à la contagion phylloxérique.

L'expérience a démontré qu'il faut abandonner cette idée. Les plants champenois, envoyés par le Comice d'Epernay à l'École nationale de viticulture de Montpellier et cultivés suivant nos traditions locales, sont morts en trois ans sous la piqûre de l'insecte.

Un autre essai de culture de nos vert-doré en terrain phylloxéré, près de Toulon, n'a pas eu plus de succès (12).

Du reste à quoi bon chercher si loin des preuves ? N'a-t-on pas vu, dans ces dernières années, nos cépages champenois détruits par le phylloxéra en Champagne même, au Mesnil, à Ay, à Ambonnay et dans tant d'autres communes qu'il n'est pas besoin de citer.

*
* *

Une autre hypothèse veut que notre climat ait l'avantage d'empêcher la propagation du redoutable hémiptère.

Il est bien certain qu'avec les hivers plus longs et plus rigoureux, les pluies plus fréquentes de notre région septentrionale, le phylloxéra, enfermé dans un cercle plus étroit et gêné dans son développement, ne fait pas des ravages aussi rapides et aussi graves que dans la région chaude et sèche de l'olivier.

Mais ces influences climatériques sont beaucoup moins grandes qu'on ne l'a cru.

En Suisse, en Alsace, dans certaines parties des Etats-Unis, l'invasion n'a pas été arrêtée par des froids plus vifs et plus rudes encore que les nôtres (13).

*
* *

D'après une dernière hypothèse, qui paraît contenir une plus large part de vérité, l'action du phylloxéra sur nos vignes champenoises serait très atténuée par notre mode de culture et surtout par notre provignage, qui, à mesure que les anciennes racines cessent de fonctionner, assure à la plante un chevelu nouveau et sain, capable d'assurer la nutrition de la plante et d'entretenir sa végétation dans une certaine limite.

Lorsqu'on pratique des fouilles très attentives dans le voisinage des points d'attaque, il n'est pas rare de rencontrer des ceps, dont les racines sont absolument indemnes jusqu'à 50 centimètres, et parfois même 1 mètre du collet. Le reste de la hocque est garni d'insectes.

Il est évident que, dans ces conditions, la vigne peut continuer à vivre, et même conserver une végétation assez vigoureuse en apparence.

En apparence seulement, car déjà la fructification manque, c'est-à-dire le principal ; qu'est-ce qu'une vigne, qui ne donne plus de revenu ?

De plus, il ne faudrait pas se faire trop d'illusions. La vigne ainsi attaquée est en grand danger.

Les légions cachées doivent tôt ou tard prendre le dessus ; le travail de destruction s'effectue quand même petit à petit ; les essaims amènent au besoin du renfort aux colonies souterraines, et, après une période latente plus ou moins longue, les ceps tombent foudroyés. L'arrachage s'impose. Il est trop tard pour tenter aucun traitement curatif.

C'est ce qui est arrivé en Bourgogne et en Suisse, dans le canton de Neufchâtel, où l'on cultive le pinot et où on le provigne (14).

Le mal s'enrayait naturellement pendant quelque temps ; nulle part n'apparaissaient les taches révélatrices en forme de cuvette ; les ceps attaqués se trouvaient isolés, perdus au milieu des ceps bien portants ; la vigne considérée dans sa masse conservait les apparences de la santé et de la vigueur ; le vigneron ne voyait rien, ne soupçonnait rien ; puis, un beau matin, après 8 ou 10 années employées par le phylloxéra à miner sourdement la place, de tous côtés, sur de vastes espaces, des ceps déclinaient subitement ; l'immense désastre s'accusait d'un seul coup, indéniable, irrémédiable.

Le souvenir de ces faits assez peu rassurants me met en défiance ; et, quand j'entends dire de tous côtés que l'état actuel du vignoble de la Marne est très satisfaisant, que l'étendue envahie est très faible, cet optimisme m'effraie.

J'ai peur que le mal ne soit plus grand, beaucoup plus grand, qu'on ne pense.

J'ai peur que l'admirable récolte de l'an dernier ne soit, comme on l'a dit, « le chant du cygne » de la vigne champenoise (15).

Dieu veuille que je me trompe.

L'EXTINCTION

LA MÉTHODE SUISSE. — SON UTILITÉ AU DÉBUT DE L'INVASION. — CAUSES D'ÉCHECS. — QUE FAIRE ?

Nous avons, dans les précédents chapitres, étudié la marche du fléau, qui menace notre vignoble ; nous pouvons maintenant passer en revue et apprécier les divers traitements proposés pour le combattre.

Voyons, pour commencer, ce qu'il faut penser des traitements d'extinction, de cette méthode suisse, dont il a tant été parlé.

Bien que la défense par l'emploi exclusif de ces traitements d'extinction ne soit plus aussi en faveur dans notre région depuis quelque temps, elle compte encore néanmoins un groupe important d'adeptes convaincus.

*
* *

On sait en quoi consiste le mode de défense inauguré en Suisse.

Pour empêcher les premiers foyers de l'invasion de s'étendre et de propager le phylloxéra dans le reste du vignoble, on détruit radicalement les vignes attaquées, en introduisant dans le sol certains agents toxiques à haute dose, qui tuent à la fois et l'insecte et la plante.

Le prix de revient de ces traitements, évalué en Suisse à 20.000 francs l'hectare, est plus élevé encore en Champagne, en raison de la plus grande valeur des vignes et des produits qu'on en retire.

Il est aujourd'hui reconnu par tous ceux qui ont fait une étude consciencieuse de la question phylloxérique, et notamment par les savants qui ont dirigé la défense en Suisse, que les traitements d'extinction ne sont efficaces et pratiques que dans des circonstances tout à fait spéciales qu'il importe de bien déterminer (16).

*
* *

1° La tache à traiter est éloignée de tout grand foyer phylloxérique, et l'insecte ne peut être apporté que par les voies artificielles (17).

Imaginons par exemple un vignoble entièrement indemne, situé à cinquante lieues ou plus des régions phylloxérées, et à l'abri par conséquent de toute contamination par les essaimages annuels.

Un vigneron introduit imprudemment dans ce vignoble des plants racinés de vignes européennes ou américaines, provenant de pays contaminés, portant des phylloxéras sur leurs racines, et n'ayant subi aucune désinfection.

Une colonie phylloxérienne se forme. On s'en aperçoit à temps pour pouvoir détruire tous les ceps atteints de la maladie. On procède à l'extinction.

Dans ces conditions exceptionnellement heureuses l'opération réussit à merveille. Il n'y a à craindre de retour offensif de l'insecte que par les voies commerciales, et quelques décrets, assurant des mesures de surveillance rigoureuses, suffisent pour prévenir toute nouvelle attaque.

C'est ce qui s'est produit dans certaines parties de la Suisse.

Mais si, au contraire, la tache découverte est due à

la contagion par les voies naturelles, si elle est située dans un vignoble voisin d'autres vignobles déclarés phylloxérés, où on ne fait plus rien pour anéantir l'insecte, où les essaimages se font librement et assurent la dissémination par la voie aérienne, dans ce cas, toutes les mesures d'extinction possibles sont parfaitement inutiles.

Du moment que les ailées sont venues une fois, elles reviendront fatalement une seconde, une troisième fois, elles reviendront toujours, à chaque nouvel essaimage (18).

C'est ce qui rend en Champagne les traitements d'extinction inutiles. Nous sommes exposés sur toutes nos frontières aux pointes offensives, que poussent constamment dans notre direction les colonnes d'attaque venues des départements voisins.

Nous aurons beau détruire tous nos ceps malades, le lendemain de cette opération les foyers d'infection voisins de notre région enverront de nouveaux envahisseurs, qui viendront annihiler ou contrarier considérablement les résultats acquis.

* * *

2° *La tache découverte est toute récente* (19).

Si, par un hasard providentiel, on s'aperçoit qu'une vigne est envahie dans la première année de l'invasion, avant que les ailées ne se soient répandues au loin à l'entour, on peut essayer le système de l'extinction. La destruction des ceps et de l'insecte dans tout le périmètre de la tache garantit d'une façon absolue les vignes voisines de tout danger de contagion.

En Suisse, on a découvert les premiers foyers et on les a traités dès le début de l'invasion.

Mais on n'a pas souvent le même bonheur. Presque toujours, lorsque l'on constate la présence du phylloxéra, il y a déjà plusieurs années qu'il a commencé ses ravages.

On est alors bien peu avancé en détruisant la tache primitive apparente, car elle a déjà engendré des taches secondaires invisibles, en nombre proportionnel à l'importance de sa population. Elle n'est plus elle-même dans l'invasion qu'un facteur à peu près insignifiant (20).

En Champagne, d'après les témoignages des hommes les plus autorisés, la plupart des taches étaient déjà, au moment de leur découverte, vieilles de 4 ou 5 années, quelques-unes même de 8 ou 10 ans.

Les essaimages annuels de Vincelles, du Mesnil, de Mardeuil, de Chavot, de Moussy, de Soilly, de Mancy, de Vauciennes, de Damery, etc., ont certainement commencé à empoisonner toutes les vignes de l'arrondissement d'Epernay et une bonne partie de celles de l'arrondissement de Reims.

La méthode d'extinction est arrivée trop tard.

*
* *

3° La tache à traiter est située dans une vigne isolée (21).

Il peut se faire que les premiers ceps infectés soient complètement isolés, comme lorsqu'on trouve le phylloxéra dans des serres, dans des jardins protégés par les murs des bâtiments voisins ou par une ceinture d'arbres élevés, dans des vignes séparées des autres vignes par des cultures d'autre nature, céréales, prairies, pépinières, etc.

En pareille occurrence les colons ailés, au moment

de l'essaimage d'été, se perdent en route sur des végétaux où leurs descendants périssent d'inanition, il n'y a pas à se préoccuper de la dissémination par la voie aérienne, et la défense par les traitements d'extinction est de nature à rendre de réels services ; elle retarde sensiblement l'invasion lorsqu'elle ne l'empèche pas tout à fait.

Le cas s'est produit en Suisse.

Il en a été autrement en Champagne, où les vignes ne sont ni disséminées, ni défendues par des cultures interposées ou des obstacles naturels et puissants, vastes forêts ou hautes montagnes.

Chez nous les vignes occupent sur les coteaux, qui regardent les vallées de la Marne et de la Vesle, une immense surface de plusieurs milliers d'hectares, presque sans discontinuité, d'un seul tenant.

Nous sommes donc encore à cet égard dans les conditions les plus défavorables.

*
* *

4° Dans les vignobles qu'il s'agit de préserver du fléau, toutes les parcelles contaminées sont connues et exactement circonscrites (22).

Si, même après plusieurs années d'invasion, on était certain de trouver et de délimiter d'une façon précise tous les points d'attaque, si on pouvait acquérir la certitude absolue que tout le reste du vignoble est bien et réellement indemne, il n'y aurait pas à hésiter, sans aucun doute, à employer le système de l'extinction.

Mais pour arriver à ce degré de précision rigoureuse et pour ne laisser passer inaperçu aucun des foyers d'infection, il faut une enquête complète, des recherches actives et incessantes, des fouilles nombreuses et serrées.

Cette enquête, ces recherches et ces fouilles ont été faites d'une façon à peu près satisfaisante en Suisse.

En Champagne, par suite de difficultés imprévues, il n'en a pas été de même tant s'en faut.

Dans le canton de Genève, on est allé jusqu'à faire, dans les localités suspectes des fouilles où deux souches sur trois étaient visitées : une équipe marchait sur le pied de 6 à 7 ares par jour (23).

Dans l'arrondissement d'Épernay, les recherches se sont, en maints endroits fort sujets à caution, effectuées à raison de 50 hectares et plus par jour.

Nos recherches sont donc loin d'offrir le caractère de certitude de celles de nos voisins les Suisses.

D'ailleurs, les recherches chez nous sont très difficiles pour ne pas dire impossibles.

Par suite de notre mode de culture, de nos provignages et de nos recouchages, il faut, pour visiter efficacement les ceps suspects, sinon les arracher complètement du moins les blesser assez grièvement pour qu'ils n'en vaillent guère mieux ensuite (24).

De plus les parcelles atteintes, comme je l'ai dit plus haut, ne présentant pas un aspect sensiblement différent de celui des parcelles intactes, l'insecte échappe à nos investigations sur une foule de points.

A côté d'une tache visible que l'on découvre il y a dix, vingt, cent taches non apparentes que l'on néglige forcément.

On tue un million de phylloxéras, on en laisse des milliards dans le voisinage.

Mauvaise besogne. Autant ne rien faire, étant donné le peu de résultats d'une semblable opération.

*
* *

5° Les taches n'occupent qu'une superficie très restreinte (25).

Le prix de revient élevé des traitements d'extinction imposant de très lourdes charges, il tombe sous le bon sens, que, dès que la surface envahie menace de prendre une certaine extension et de dépasser certaines limites, la question financière se pose et commande de renoncer à ces traitements.

En Suisse on a détruit 57 hectares et on a dépensé de ce fait 1.626.000 francs (26). Quoique ce soit déjà une assez forte somme, elle est encore dans les limites des sacrifices possibles.

Mais combien aurions-nous d'hectares à traiter en Champagne, si l'on poursuivait les traitements d'extinction ?

Un viticulteur champenois affirmait dernièrement, en s'appuyant sur les données de la science entomologique et de la science agronomique, qu'il serait prudent de considérer comme complètement envahi au moins un sixième de notre vignoble, soit 3.000 hectares.

Peut-être dira-t-on que c'est beaucoup ?

Pourtant je trouve dans les statistiques de la production des vins dans la Marne une sorte de confirmation de cette opinion (27).

La moyenne de notre production qui, de 1880 à 1885 par exemple, était de 450.000 hectolitres, n'est plus, depuis bientôt 10 ans, que de 350.000 hectolitres.

La production aurait baissé de plus d'un cinquième, ce qui laisserait supposer que plus d'un cinquième de nos vignes sont plus ou moins gravement malades, et ne fructifient plus.

J'admets, si l'on veut, que ces sortes de statistiques ne fournissent que des résultats très imparfaits, mais, même en réservant une marge très large pour les erreurs, il n'y en a pas moins là une indication dont on doit tenir compte.

Allez donc traiter par la méthode suisse 3.000 hectares ! Ce n'est plus un million et demi qu'il faudrait dépenser, comme là-bas, mais 70 ou 80 millions.

Avec ce système on n'arriverait pas seulement à l'extinction du phylloxéra, on aboutirait sûrement aussi à l'extinction du contribuable.

*
* *

De tout ce qui précède, on est en droit de conclure que, le vignoble champenois étant placé dans des conditions tout à fait différentes du vignoble suisse, on ne pourrait tirer des traitements d'extinction les mêmes résultats qu'en Suisse.

Ces résultats d'ailleurs ont été beaucoup trop exagérés.

La marche de l'invasion a été retardée en Suisse, c'est incontestable, mais le phylloxéra n'en a pas moins étendu peu à peu ses ravages, au point de rendre impossible la continuation de la lutte par l'ancienne méthode.

La Suisse est aujourd'hui débordée, et ceux-mêmes qui ont dirigé la lutte par les traitements d'extinction sont les premiers à reconnaître que ces traitements ne sont plus d'aucune utilité ; et ils n'hésitent pas à conseiller l'expérimentation des insecticides et l'étude du problème de la reconstitution par les cépages américains.

*
* *

Imitez la Suisse ! nous dit-on.

Soit, imitons-là.

Mais imitons-là jusqu'au bout.

Aujourd'hui, convaincue de l'inanité des résultats de sa première campagne, elle renonce délibérément aux traitements d'extinction et cherche autre chose.

Renonçons donc, comme elle, aux traitements d'extinction.

Et, comme elle encore, cherchons autre chose.

LES TRAITEMENTS CULTURAUX

LES INSECTICIDES. — UNE ARME A DEUX TRANCHANTS. — LA THÉORIE ET LA PRATIQUE. — DEUX PRÉCAUTIONS VALENT MIEUX QU'UNE.

Nous venons de voir pourquoi les traitements d'extinction n'ont pas réussi en Champagne.

Serons-nous au moins plus heureux avec les traitements culturaux ?

*
* *

Les traitements culturaux diffèrent des traitements d'extinction en ce que, avec eux, il ne s'agit plus de préserver les vignes indemnes de toute une région, et, pour cela, d'exterminer coûte que coûte toutes les colonies de phylloxéras établies dans le voisinage.

La lutte se localise.

On ne se préoccupe plus que des vignes aux prises avec le parasite, et on s'arrange de façon à y maintenir une végétation suffisante, en atténuant dans la mesure du possible les ravages de la maladie.

*
* *

On a longtemps tâtonné avant de trouver les substances avec lesquelles on pourrait atteindre et décimer les colonies souterraines du phylloxéra, sans altérer les racines de la vigne.

Les seules qui aient fini par donner des résultats encourageants sont le sulfocarbonate de potassium et le sulfure de carbone pur ou dissous.

Ces agents ont à peu près toutes les qualités requises : ils ont une grande action toxique sur le phylloxéra ; ils se diffusent facilement à travers le sol ; ils respectent, lorsqu'on s'en sert avec habileté, les racines de la vigne ; enfin ils se fabriquent et se vendent à des prix abordables.

Examinons successivement les avantages et les inconvénients de chacun de ces insecticides.

*
* *

Le sulfocarbonate de potassium s'emploie, en dissolution dans l'eau, à la dose de 600 kilogrammes au moins par hectare et par traitement, ce qui correspond à une quantité de 200 mètres cubes d'eau (28).

On fait sur toute la surface du sol des bassins peu profonds, à cloisons peu épaisses, d'environ 1 mètre de côté.

Chaque cuvette reçoit une vingtaine de litres de la dissolution.

Le transfert de l'eau peut, au moyen d'appareils spéciaux, être effectué à une distance de plusieurs kilomètres dans des conditions particulières de bon marché et de commodité.

Le sulfocarbonate, en se décomposant, donnant naissance à des carbonates de potasse, a l'avantage de favoriser la végétation de la vigne.

Cet insecticide a moins d'action sur l'insecte que le sulfure de carbone, mais, comme il est aussi moins dangereux pour les racines, on l'utilise de préférence dans les vignes de luxe, que l'on a grand intérêt à ménager.

Les essais de traitement par le sulfocarbonate se sont montrés très efficaces et très pratiques dans le Médoc, où l'on avait l'eau à proximité et en abondance, où les coteaux sont en pente douce, où les frais de culture sont relativement peu élevés et où les rendements laissent assez de marge pour permettre une dépense supplémentaire de 7 à 800 francs par hectare.

Malheureusement nous sommes en Champagne dans des conditions fort différentes, et nous ne pouvons guère songer à recourir à ce genre de traitement.

*
* *

Le sulfure de carbone dissous exigeant une quantité d'eau aussi considérable se trouve par cela même également éliminé de la liste des traitements culturaux applicables dans notre région champenoise.

Il ne reste donc en ligne que le sulfure de carbone pur.

*
* *

Le sulfure de carbone pur s'emploie à la dose de 200 kilogrammes par hectare et par traitement. On l'introduit dans le sol au moyen d'un pal injecteur, sorte de pompe à compression, d'une forme spéciale, munie dans l'axe d'un tube en fer servant de pieu.

Les trous du pal doivent être rapprochés de 40 à 50 centimètres les uns des autres, ce qui donne environ 50.000 trous par hectare (29).

Le traitement au sulfure de carbone pur a été employé avec succès en Bourgogne et dans le Beaujolais. Il semble appelé à nous rendre en Champagne plus de services que le traitement au sulfocarbonate.

Plusieurs de nos vignes phylloxérées ont déjà été traitées par ce moyen, et on a constaté que les racines étaient à peu près débarrassées de leurs parasites.

Toutefois, il y a eu des échecs en quelques endroits. A Tréloup, après trois années de traitements répétés, les racines étaient encore criblées d'insectes.

Il ne faudrait donc pas trop se hâter de tirer des déductions de quelques succès partiels, et croire qu'on a trouvé dans le traitement par le sulfure au pal le remède universel et idéal, que l'on cherche depuis si longtemps.

Le traitement par le sulfure au pal n'est réellement efficace et pratique que dans des conditions déterminées, et de plus son emploi est assez compliqué, comme on va en juger.

*
* *

Le traitement par le sulfure au pal exige de grandes précautions et ne peut être confié qu'à des mains sûres.

Le sulfure de carbone exerce en effet assez souvent une action aussi funeste sur la vigne que sur le phylloxéra.

A l'état liquide, il altère gravement les racines et les tiges avec lesquelles on commet l'imprudence de le mettre en contact. Aussi doit-on éviter de l'introduire dans le sol dans les moments où il y a excès d'humidité et où il ne passerait que lentement de l'état liquide à l'état gazeux.

D'autre part, en se volatilisant il détermine une sorte de stérilisation du sol, qui, pour peu qu'elle soit prolongée, amène une grave dépression de la végétation, surtout dans les jeunes vignes et dans celles où la vitalité des racines est profondément affaiblie par la maladie. On doit par suite éviter de l'employer à l'époque de la floraison et pendant toute la période qui va de la véraison à la vendange. L'arrêt de la végétation, l'effet de « stupéfaction » comme on l'a appelé, résultant de la brusque cessation du fonctionnement d'une partie des radicelles, entraînerait la coulure ou nuirait à la maturation du fruit. (30)

Pour ces diverses raisons il est bon que, lors des opérations, les vignerons aient à côté d'eux des conseillers et des aides expérimentés pour donner les indications voulues sur le dosage de l'insecticide et sur son maniement.

Aurons-nous en Champagne, au moment venu, un personnel assez nombreux et assez apte pour diriger ce genre d'opérations ?

*
* *

Autre point important. Le sulfure au pal donne des résultats très variables suivant les terrains.

Il ne réussit pas dans les sols compacts. L'excès d'humidité y gêne la diffusion des vapeurs et l'excès de sécheresse y provoque la formation de crevasses par lesquelles les vapeurs se perdent dans l'atmosphère. De plus la nature froide de ces terres au printemps les rend peu propres à la production de nouvelles radicelles, indispensables pour rendre la santé et la vigueur aux vignes qui ont sérieusement souffert.

Les sols maigres, superficiels et caillouteux, surtout ceux en coteau, sont également peu favorables. Il s'y produit des pertes énormes de gaz.

On n'obtient des effets réellement satisfaisants que dans les sols légers, perméables, homogènes, assez profonds et fortement fumés, où la diffusion des vapeurs toxiques se fait facilement et régulièrement, où peu d'insectes échappent par conséquent à l'asphyxie, et où les radicelles qui se reforment rapidement trouvent en abondance les matériaux nécessaires à la nutrition de la plante affamée. (31)

Il est probable qu'un assez grand nombre de sols de notre vignoble champenois rentrent dans cette dernière catégorie ; mais pas tous, très certainement.

*
* *

Le traitement par le sulfure au pal doit être entrepris aussitôt que l'on constate les premières traces du phylloxéra.

Si l'on attend que les effets du mal soient tout à fait manifestes, le traitement est à la fois beaucoup plus long et bien moins efficace.

Les quelques radicelles qui restent étant très sensibles à l'action du sulfure on ne peut procéder que par petites doses ; il faut d'abord plusieurs années pour débarrasser la vigne de ses parasites, et ensuite plusieurs autres années pour permettre à la plante de reconstituer son système radiculaire. Et même on n'arrive jamais dans ce cas qu'à une réussite relative, car les vignes ainsi traitées ne retrouvent pas la vigueur normale des vignes saines. (32)

Il peut se faire qu'un certain nombre de nos vignes ne soient déjà plus assez vigoureuses pour être suffisamment rétablies par le traitement insecticide.

*
* *

Enfin, quelles que soient la diffusibilité du sulfure de carbone et sa puissance d'action sur le phylloxéra, il n'atteint pas et ne détruit pas en une seule fois tous les insectes, même sur les vignes assez vigoureuses pour permettre de fortes doses.

Ce n'est qu'après une série d'opérations réitérées et coûteuses qu'on parvient à débarrasser à peu près complètement la vigne de ses parasites.

Et encore cela à la condition qu'il ne se trouve pas à proximité des propriétaires qui, par négligence, par gêne ou par mauvais vouloir, laissent leurs vignes sans soins, entretenant ainsi, au détriment de leurs voisins, des quartiers de refuge et de renouvellement, d'où partent constamment de nouvelles colonies d'assaillants. (33)

La vigne traitée par l'insecticide se trouve donc constamment dans la position d'un convalescent, qui reprend des forces sous l'influence d'une médication appropriée, mais qui reste sous le coup de rechutes dangereuses.

Perspective peu rassurante pour le vigneron.

*
* *

Lorsque l'on réfléchit à toutes ces difficultés, on s'explique que quelques-uns de nos viticulteurs manifestent des doutes sur la réussite parfaite des traitements insecticides en Champagne.

Le traitement au sulfure réussira-t-il dans nos principaux types de terrain ?

Ne sera-t-il pas plus dangereux pour la végétation de nos vignes, avec le développement excessif de leurs racines superficielles, que pour la végétation des vignes cultivées sur souche ?

Ne nuira-t-il pas à l'abondance ou à la qualité de nos récoltes ?

Nécessitera-t-il l'adjonction de fortes quantités d'engrais et quelles sortes d'engrais ?

A combien reviendra-t-il ?

Autant de points d'interrogation auxquels il est impossible de donner une réponse absolument précise, tant qu'on aura pas fait un peu partout en Champagne des expériences nombreuses, variées, méthodiques.

Il n'y a pas de temps à perdre pour commencer ces expériences : il faut s'y mettre dès cette année, activer dans ce but les recherches et les fouilles, et, sur les nouvelles taches découvertes, étudier immédiatement tous les effets du traitement par le sulfure de carbone au pal.

En attendant les résultats de cette étude, comme un excès de précaution ne fait jamais de mal, il serait prudent à mon avis de rechercher en même temps la solution du problème de la reconstitution par la vigne américaine.

*
* *

En mettant en effet les choses au mieux, en supposant qu'il soit bien démontré que les traitements culturaux par les insecticides sont applicables à la plus grande partie de nos vignes, l'autre partie, si minime qu'elle soit, n'en a pas moins le droit de demander qu'on lui prépare à elle aussi les moyens d'échapper à une ruine irrémédiable.

De plus, comme je le disais tout à l'heure, il arrivera fatalement que des propriétaires, soit par négligence, soit par gène, soit par mauvais vouloir, laisseront arriver leurs vignes à une période trop avancée de la maladie pour que le sulfure de carbone soit utilisable (34).

Enfin, il y a lieu de tenir compte de la situation faite à tous ceux qui, pour une cause quelconque, voudraient actuellement replanter de vieilles vignes ou en créer de nouvelles.

Pour tous ceux-là la question de la reconstitution par la vigne américaine se pose, et sa solution à brève échéance s'impose.

LA VIGNE AMÉRICAINE

LA DERNIÈRE CARTOUCHE. — GRAVES OBJECTIONS. — SAVANTS ET CHARLATANS. — LES ESSAIS A FAIRE. — LE NERF DE LA GUERRE.

Si, comme je le crois, les traitements d'extinction sont désormais incapables de nous rendre aucun service appréciable en Champagne, — si, comme je le crains, les traitements culturaux ne doivent être réellement efficaces et pratiques que dans une partie seulement de notre vignoble, — si dans l'autre partie nous sommes fatalement amenés, dans un délai plus ou moins court, à arracher et à replanter, — pourrons-nous recourir à la ressource suprême qui a sauvé jusqu'ici presque tous les vignobles en détresse, l'Hérault, la Gironde, la Côte-d'Or, et tant d'autres ?

Pourrons-nous utiliser la vigne américaine ?

Il est bien difficile de répondre catégoriquement d'une façon affirmative en présence des graves objections, que cette question a soulevées et que l'on n'a pas encore réfutées bien nettement.

Voyons ces objections.

*
* *

La plupart des vignes américaines que l'on a employées jusqu'ici à la reconstitution ne se comportent pas, à beaucoup près, de la même façon dans tous les sols ; avec leur robuste végétation et leurs racines pivotantes, elles n'arrivent à leur parfait développement que dans les terres riches, profondes, contenant une notable proportion de silice et de fer. Elles redoutent les terres superficielles, sèches, où l'élément calcaire tendre domine; elles y poussent vigoureusement pendant trois ou quatre ans, quelquefois davantage, puis on les voit tout à coup se chloroser, s'étioler et dépérir plus ou moins rapidement. De nombreuses expériences faites dans les terres calcaires de la Champagne, des environs de Cognac, dans la Charente ne laissent aucun doute à cet égard.

On a conclu de l'observation de ces faits que la culture de la vigne américaine est impossible en Champagne. Cette conclusion s'appuie sur cette idée que la région champenoise est entièrement crayeuse.

Est-ce bien exact ?

Près du sommet des coteaux où s'étend la culture de la vigne le sol est souvent dépourvu de calcaire ; c'est tantôt une argile améliorée et rendue légère par des apports de sable, tantôt du sable argileux modifié par des apports de terres et de composts. Le sous-sol crayeux est ici à une grande profondeur (35).

Sur les pentes de ces coteaux, la couche de terre végétale est moins profonde, mais elle est encore formée par des terres, descendues des parties plus élevées, dont la teneur en calcaire est faible. Des analyses faites dans diverses localités l'ont établi. A Ay on trouve comme teneur en calcaire 19 pour 100, à Cramant 15 et à Verzenay 3 (36).

Le sous-sol est de la craie, mais de la craie compacte, peu fissurée et rarement mélangée au sol.

Au bas des coteaux seulement, il existe, par endroits, des vignes en sol crayeux. Encore ce sol a-t-il été profondément modifié et amélioré par des apports de terres argileuses et siliceuses, de cendres pyriteuses et de composts. Son épaisseur a été doublée, triplée par ces apports incessants, sa composition chimique modifiée et sa teneur en calcaire très diminuée.

Les sols les plus calcaires du vignoble champenois le sont donc beaucoup moins qu'on ne pense, conclut le document d'où j'extrais ces renseignements, et la bonne végétation de la vigne américaine dans beaucoup de ces sols est assurée ainsi que leur longue durée.

On suppose à tort également que toutes les espèces de vignes américaines sont aussi exigeantes les unes que les autres sur la constitution physique et la composition chimique du sol. Il n'en est rien (37). Alors que certaines variétés comme le Jacquez, le Solonis, le Cunningham, l'Herbemont, le Clinton, le Concord, le Vialla, le Taylor, ne prospèrent que dans des terres assez profondes, assez riches, assez fraîches et non calcaires, d'autres comme le V. Riparia, le V. Rupestris, le York Madeira et le V. Berlandieri se contentent de terres superficielles, légères, sèches et plus ou moins calcaires.

Et tous les jours on arrive à améliorer et à perfectionner, par les semis ou par les hybridations, la culture de ces dernières espèces (38).

Déjà, sur plusieurs points, ces tentatives ont été couronnées de succès. Certains hybrides nouvellement créés s'accommodent de terrains où on avait désespéré longtemps d'obtenir des résultats, et semblent véritablement s'y « repaître de calcaire » comme nos anciens plants de Champagne (39).

On a même réussi à faire prospérer plusieurs de ces

hybrides dans des sols de 0.15 à 0.20 centimètres seulement de profondeur, contenant 40, 50 et 60 0/0 de calcaire, avec un sous-sol de craie friable.

Notez que je ne veux pas dire par là que la question si ardue de l'adaptation de la vigne américaine au sol champenois soit complètement résolue.

Je ne me dissimule pas tout ce qu'il reste à faire : bien des affirmations vagues ont besoin d'être précisées, bien des points obscurs ont besoin d'être éclaircis, bien des expériences faites dans le Midi ou dans l'Ouest ont besoin d'être répétées au cœur même de la Champagne, sous notre climat, sur notre sol, que dis-je, dans les différentes espèces de sol que l'on trouve dans notre vignoble.

La proposition, faite au Comité central d'études, d'analyser les terres des principales communes vignobles de la Marne, pour pouvoir suivre utilement les expériences tentées dans les départements, où se rencontrent des terres de même nature, est excellente sans aucun doute (40).

Mais si l'on tient à arriver à la certitude absolue, il faut que l'on aille plus loin, que l'on essaye partout le sol champenois, qu'on le « fasse parler », comme on dit, en y multipliant les champs d'expériences autant que possible. Il est admis en effet par tous nos agronomes que deux terrains, tout en donnant à l'analyse les mêmes doses de leurs principaux éléments, peuvent avoir malgré cela une action sensiblement différente sur la végétation des plantes qu'on leur confie.

Je reviendrai tout à l'heure sur cette question des champs d'expériences.

*
* *

Tous ceux qui ont quelque notion de la culture de la vigne américaine savent que la vigne américaine, livrée à elle-même, ne donne qu'un vin de qualité inférieure et d'un goût détestable ; on sera par suite obligé en Champagne, comme dans presque tous les autres vignobles, de recourir au greffage.

N'y a-t-il pas à redouter, demande-t-on, que la greffe n'altère la qualité de nos produits champenois, que l'affreux goût foxé des raisins de la variété employée comme sujet ne passe dans les raisins du greffon.

Cette crainte ne paraît pas fondée.

Tous les botanistes et tous les horticulteurs vous diront que l'opération du greffage n'altère pas la qualité des fruits du greffon, que lorsqu'on greffe un poirier sur cognassier, un abricotier sur prunier, un cerisier sur mahaleb, l'âpreté sèche du coing ne passe pas dans la poire, l'acidité de la prune ne passe pas dans l'abricot, le goût amer du fruit du Cerasus Mahaleb ne passe pas dans la cerise. De même pour les greffes de pommier sur paradis, de pêcher sur amandier, d'amandier à fruit doux sur amandier à fruit amer, qui, loin de gâter les fruits du pommier, du pêcher ou de l'amandier, les améliorent plutôt. (41)

Tous nos arbres greffés portent des fruits plus beaux, plus savoureux que les mêmes arbres francs de pied.

D'après toutes les données, recueillies dans les vignobles reconstitués par le greffage des cépages européens sur les cépages américains, le même phénomène s'est produit pour la vigne.

Les produits des vignes françaises greffées n'ont

rien perdu de leur mérite et de leur valeur. Au contraire.

On en cite un exemple d'autant plus frappant qu'il s'agit d'un de nos crus les plus fins et les plus estimés. Tout récemment, à la vente des vins de l'Hospice de Beaune, la feuillette, qui a obtenu le prix le plus élevé, provenait d'une vigne greffée.

*
* *

J'arrive à une objection plus embarrassante, tirée de notre mode de culture spéciale et de la nécessité où nous serions, par suite du greffage, de le transformer radicalement.

Avec le couchage du sarment de production, dit-on, le greffon serait affranchi dès la deuxième année de la plantation ; ses racines superficielles seraient détruites par le phylloxéra, et la vigne n'ayant plus pour assurer sa nutrition que le système radiculaire du pied mère, finirait par périr.

Pour éviter cet affranchissement, on serait obligé de lancer le greffon au-dessus du sol.

De plus la vigueur excessive de la végétation des cépages américains entraîne l'adoption de la taille longue et de la plantation en lignes écartées.

Cette surélévation du cep, cet allongement de la taille et cet écartement de la plantation compromettraient sérieusement la qualité de nos produits.

C'est par notre système de culture traditionnelle que nous avons triomphé du climat de notre région septentrionale ; il faut que nos vignes soient recouchées, pour que nous ayons de nombreux faisceaux de racines dans la couche superficielle du sol, plus facilement accessible à l'échauffement par les rayons solaires; il faut que nos raisins soient maintenus à une faible distance du sol, pour mieux profiter de la chaleur rayonnée et réfléchie par lui ; il faut enfin que nos vignobles soient plantés en foule, afin de conserver longtemps la chaleur que le sol emmagasine tant que le soleil lui envoie ses rayons, et d'activer ainsi la végétation, qui de cette façon marche aussi vite, quelquefois même plus vite, la nuit que le jour.

Avec la culture sur souche, la taille longue et la plantation en lignes nous n'obtiendrions plus qu'une maturité irrégulière et incomplète ; or, sans maturité régulière et complète, plus de bouquet, plus de bon vin, plus de Champagne.

Ces considérations sont évidemment de nature à nous faire réfléchir et à nous rendre prudents dans les transformations à venir.

Je comprends sans peine les appréhensions des vieux praticiens. Comme eux, comme tous ceux qui connaissent l'histoire si curieuse de la vigne et du vin de la Champagne, j'ai la plus vive admiration et le plus grand respect pour les merveilleuses traditions, que nous ont léguées nos ancêtres, et grâce auxquelles nous sommes parvenus à vaincre la nature rebelle, à faire prospérer la vigne pendant des siècles dans notre région froide, et à créer un des produits les plus justement renommés dans le monde entier.

L'idée de toucher à ces traditions m'apparaît presque comme une profanation, et j'avoue que je m'y résoudrai qu'à la dernière extrémité.

Mais divers faits affirmés par plusieurs de nos viticulteurs en renom, nous rassurent et donnent déjà à espérer que le maintien de notre mode de culture traditionnelle n'est pas incompatible, comme on l'a cru, avec le greffage.

On cite à l'appui de cette opinion, entr'autres essais, ceux qui ont été faits dans les vignes de l'Hermitage et du Beaujolais et surtout celui de l'Ecole de Montpellier. Ce dernier est des plus intéressants. Il date de 1879. Dans une parcelle de 7 mètres sur 2 mètres 10, on a planté 30 pieds de vert-doré greffé sur Taylor, et on les a soumis annuellement au couchage tel qu'il se pratique en Champagne, c'est-à-dire qu'on a fait disparaître sous terre le bois de deux ans, pour ne laisser sortir que le sarment de l'année taillé à trois yeux. Bien que le terrain argileux et froid ne fut pas de bonne nature, les 30 pieds ont conservé une assez bonne végétation depuis quinze ans.

D'autres essais de couchage de vignes greffées ont eu lieu dans le Rhône et ont également réussi.

Enfin le rapport tout récent de la Commission chargée par le Ministre d'étudier la situation du vignoble champenois conclut dans un sens favorable au maintien de nos anciens usages.

Toutefois il y a encore lieu de faire les plus expresses réserves sur cette question du provignage et du couchage annuel des vignes greffées.

Avant de se prononcer à cet égard il faut encore toute une série d'expériences comparatives, conduites méthodiquement par des hommes sachant observer et réunissant toutes les garanties désirables comme science autant que comme pratique.

Pour les expériences à faire, tant au point de vue du mode de culture des vignes greffées, que de leur adaptation au sol champenois et de la qualité de leurs produits, il me paraît indispensable de créer un certain nombre de champs d'expériences en terrain phylloxéré, au milieu des vignobles, sous les yeux même des vignerons.

La multiplicité de ces champs d'expériences aurait un double avantage.

Les vignes en observation y seraient placées dans des conditions tout à fait analogues à celles des vignes du voisinage.

Les vignerons pourraient s'y renseigner *de visu* sur tout ce qu'ils auraient à faire, dans le cas où la fatalité voudrait qu'ils eussent recours à la reconstitution au moyen des cépages exotiques.

Ils y verraient quelles sont les variétés de vignes américaines qui résistent le mieux à l'insecte, qui s'adaptent le plus facilement au terrain, qui ont le plus d'affinité pour nos cépages champenois.

Ils y apprendraient comment on s'y prend pour installer une pépinière, pour pratiquer le greffage, pour établir la plantation, pour conduire la taille, pour entretenir une bonne végétation et assurer une production abondante ou de bonne qualité, etc.

Ce projet de création de champs d'expériences dans nos principaux centres viticoles, pour préparer le plan à suivre en cas de reconstitution, a été, je le sais, vivement critiqué.

Ces critiques doivent-elles nous arrêter ?

*
* *

Avec vos vignes américaines, dit-on, vous allez

nous inonder de phylloxéras. Etrange façon de défendre la place que d'y introduire l'ennemi.

C'est vouloir se payer de mots. L'ennemi, hélas ! est depuis longtemps dans la place.

Au surplus, rien n'empêche de faire venir des régions encore indemnes les plants américains destinés aux études préparatoires dont il s'agit.

S'il n'était pas possible de trouver dans ces régions indemnes des plants américains réunissant toutes les conditions désirables sous le rapport du prix de revient ou de la qualité, rien n'empêche de les faire venir de régions phylloxérées et de les désinfecter (42).

Il est aujourd'hui démontré qu'un bain de sulfocarbonate ou simplement d'eau chaude à 55 degrés désorganise immédiatement les phylloxéras fixés sur les plants, sans nuire à la reprise de ces plants, même lorsqu'ils sont enracinés.

L'innocuité de l'importation des plants, provenant de régions phylloxérées et désinfectées, est admise par les nations, où l'on a édicté les mesures de préservation antiphylloxérique les plus rigoureuses : cette importation se fait régulièrement en Italie, en Espagne et même en Suisse.

Mais, dit-on encore, quand bien même vous n'importeriez pas le phylloxéra en Champagne, empêcherez-vous certaines personnes, ignorantes ou jouant l'ignorance, de vous accuser de l'avoir fait ?

On irait loin avec cette crainte des grossiers préjugés et des sots propos.

On aurait d'ailleurs la ressource, pour couper court à toute accusation de ce genre, de faire les premiers essais dans les localités mêmes où les taches ont été publiquement constatées, et, s'il est possible, dans les champs mêmes où les vignes ont été arrachées.

*
* *

Mais, continue-t-on, vous ne prenez pas garde que la foule inexpérimentée va vouloir suivre l'exemple donné par l'administration de l'agriculture, et s'embarquer dans des essais mal compris, inconsidérés, intempestifs, voués à des échecs inévitables, et susceptibles de compromettre l'avenir même de la reconstitution franco-américaine. Comme l'introduction des plants américains cultivés dans les régions indemnes est autorisée, vous allez livrer les vignerons champenois aux habiles machinations des exploiteurs, qui ne manqueront pas de s'installer dans ces régions pour vendre à des prix exorbitants des bois sans valeur. Il en est du commerce des vignes américaines comme de bien d'autres : on y trouve d'honnêtes gens faisant intelligemment et consciencieusement leur métier; mais, à côté de ces loyaux intermédiaires, combien de purs flibustiers, prêts à s'enrichir des dépouilles de leurs dupes. Et, pour terminer, on nous rappelle ce qui s'est passé dans le Midi : tous ces braves gens, à demi-ruinés, par le phylloxéra, se lançant tête baissée dans la voie hasardeuse de la reconstitution, achetant à de hauts prix des plants détestables, adoptant à l'aveuglette toutes les variétés américaines indistinctement sans avoir la moindre garantie sur leurs mérites respectifs, sur leur plus ou moins grande résistance au phylloxéra, sur leur plus ou moins grande aptitude à porter la greffe et à se multiplier par segmentation, sur leur plus ou moins grande exigence enfin sous le rapport du climat, du sol, de la taille, etc.... D'où des pertes énormes, des désastres irréparables, où les malheureux engloutissaient leurs dernières ressources.

Je connais toute cette lamentable histoire.

Et c'est justement pour éviter de semblables mécomptes à nos vignerons champenois, que j'insiste tant pour la création immédiate de champs d'expériences, où ils puiseront des notions suffisantes pour leur permettre de résister aux offres trompeuses des charlatans de toutes sortes, où ils se rendront compte de l'extrême circonspection avec laquelle on doit procéder pour mener à bien l'œuvre délicate et complexe de la reconstitution par la vigne américaine.

Il leur sera du reste facile de ne pas être volés, en ne se servant que de plants cultivés dans la pépinière départementale dont l'organisation est due en grande partie à l'initiative intelligente de M. Doutté, ou dans les annexes de cette pépinière (43), ou encore en se formant en syndicats dont les membres les plus compétents seront chargés des achats de plants, de la vérification des envois et de l'exécution des clauses de garanties imposées aux vendeurs. Le service phylloxérique, je n'ai pas besoin de le dire, sera là lui aussi pour exercer son utile contrôle et donner de précieux conseils.

*
* *

En résumé, si le problème de la reconstitution par la vigne américaine est encore assez obscur, s'il y a quelques raisons plausibles pour douter encore du succès définitif de cette reconstitution en Champagne, il y a aussi des raisons sérieuses pour ne pas se décourager.

Jusqu'ici partout où l'on a persévéré on a fini par triompher. En Bourgogne, on a craint longtemps de ne pouvoir, comme dans le Midi, demander à la vigne américaine la ressource suprême qu'elle offre en cas d'échec des insecticides ; aujourd'hui la reconstitution par les vignes greffées y donne des résultats qui dépassent tout ce qu'on pouvait attendre.

Nous avons sur la Bourgogne et sur le Midi un avantage considérable.

Les expériences, qui y ont été faites à grands frais, ont permis de grouper un grand nombre d'observations d'un intérêt réel, dont nous pouvons faire notre profit.

Le terrain est déjà fortement déblayé.

Le choix des espèces à expérimenter est beaucoup moins difficile.

En ce qui concerne les points restés douteux, on est en droit d'espérer que, grâce aux études qui se poursuivent activement de tous côtés dans nos écoles de viticulture, dans nos stations agricoles et chez quelques praticiens expérimentés, ils ne tarderont pas à être éclaircis ; car ils sont en bonnes mains.

*
* *

Au moment de clore ce chapitre, je m'aperçois que j'ai omis de parler d'un détail qui a son importance.

Pour faire toutes les expériences dont je viens de parler, pour subventionner au besoin les premiers essais de reconstitution, et pour continuer en même temps à venir en aide aux victimes du phylloxéra, il va falloir de l'argent, beaucoup d'argent.

Les fonds du Syndicat de défense seront vite absorbés.

Où trouver le surplus ?

Demanderons-nous à l'Etat (44) d'intervenir et d'aider nos vignerons champenois à sortir de l'impasse, où ils peuvent demain se trouver acculés ?

Pourquoi pas, après tout !

Où serait le mal quand on rendrait à la vigne une petite portion de ce qu'elle a si généreusement donné ?

On ne doit pas oublier en effet que, depuis des siècles, la vigne a toujours largement contribué aux charges nationales, qu'aujourd'hui encore elle paie chaque année à l'Etat 200 millions d'impôts.

Si la France, à l'heure des sacrifices héroïques, a pu se tirer d'affaire avec honneur, si elle a pu reconstituer son matériel de défense et reconquérir son ancienne splendeur, c'est que la vigne était là pour solder en grande partie la dépense.

La vigne n'a jamais marchandé ses subsides à l'Etat.

Au tour de l'Etat de ne pas liarder avec elle !

CONCLUSION

LA NOUVELLE TACTIQUE. — TRÊVE NÉCESSAIRE.
LE PHYLLOXÉRA, VOILA L'ENNEMI !

L'heure des vaines illusions et des vagues espérances est passée.

Il n'y a plus qu'à prendre virilement notre parti et à envisager nettement la situation telle qu'elle est.

Le phylloxéra est en Champagne, et il y restera, et il envahira tout, comme il est resté et comme il a tout envahi dans l'Hérault, dans la Gironde, dans les Charentes, dans la Côte-d'Or, pour ne citer que les principaux centres de l'invasion.

*
* *

Les traitements d'extinction qui avaient leur raison d'être au début de l'invasion, au milieu du désarroi et des surexcitations causés par le premier moment de panique, ne peuvent plus nous être d'aucun secours.

Nous n'avons plus que deux voies de salut : le sulfure de carbone et la vigne américaine.

Avant de nous lancer en masse dans l'une ou l'autre de ces directions, il est de toute nécessité, si l'on veut éviter de fausses manœuvres, des pertes de temps et des gaspillages d'argent, que nous connaissions d'une façon absolument certaine les chances de réussite qui s'offrent à nous d'un côté ou de l'autre. (45)

Fort heureusement pour nous, étant donné la marche moins rapide du fléau dans notre région champenoise, il est peut être temps encore de se mettre à la besogne; mais il n'y a plus une minute à perdre.

A l'œuvre donc ! Que les Comités d'études se réunissent et délibèrent, que les champs d'expériences s'ouvrent, que les équipes en vue des traitements et des plantations s'organisent, que les laboratoires fonctionnent, que tous s'en mèlent, savants, praticiens, grands et petits propriétaires, négociants, et que l'on nous renseigne au plus tôt :

Sur la constitution physique et la composition chimique de nos principaux types de terrain ;

Sur l'action des agents insecticides dans ces sols différents;

Sur les moyens de réduire à leur plus simple expression les frais des traitements culturaux ;

Sur les variétés de vignes américaines qui s'accommodent de notre sol ;

Sur la qualité des produits obtenus de vignes greffées ;

Sur la possibilité de continuer notre ancien mode de culture, ou sur les nouvelles méthodes à adopter en ce qui concerne la plantation, la taille et les façons des vignes greffées ;

Bref, car je n'ai pas la prétention de formuler un programme complet, sur tous les points susceptibles d'intéresser la viticulture et l'industrie des vins de Champagne.

*
* *

Et comme, dans une aussi vaste entreprise, il n'y a pas de succès possible sans l'union parfaite et la sincère entente de tous les intéressés, que l'on fasse l'effort, (est-il donc si difficile), d'oublier le passé, de laisser là les haines et les rancunes stériles, pour ne plus penser qu'aux intérêts communs et au bien général.

Si la lutte, qui n'a déjà que trop duré, entre vignerons et négociants, entre partisans et adversaires du Syndicat, se continuait plus longtemps, je sais bien moi quel serait le vainqueur ?

Il me semble le voir, au fond de sa retraite souterraine, triomphant, pâmé d'aise, humant gaîment, dans une dernière orgie, la dernière goutte de sang de la dernière vigne champenoise.

Vignerons, mes amis, croyez-m'en.

L'ennemi, le seul ennemi : c'est le phylloxéra !

Alphonse GUÉRARD.

NOTES

Page 14

1. — Cette évaluation est inférieure à celle de la Commission chargée par le Ministre de l'agriculture d'étudier la situation du vignoble champenois. Je crois le chiffre de 18.000 hectares, adopté par la Commission, un peu élevé.

Page 16

2. — Il y aurait une étude d'ampélographie fort intéressante à faire sur « Les Cépages de la Champagne ». Je ne connais aucun ouvrage, qui traite cette question avec tous les développements qu'elle comporte.

3. — Voir les statistiques publiées par la Chambre de Commerce. Pour plus de commodité et de clarté, je ne donne pas les nombres exacts, mais des chiffres ronds.

Page 18

4. — Vers 1850, le vin rouge valait à Vertus, Monthelon, Vincelles, etc., 70 fr. la pièce de 200 litres. Le vin blanc lui-même était à bas prix et descendait quelquefois jusqu'à 12 et 15 francs la pièce.

Page 21

5. — G. Balbiani. *Le phylloxéra du chêne et le phylloxéra de la vigne*. Paris, Gauthier-Villars, 1884.

5 *bis*. — Je dois faire sur ce point quelques réserves. La question de savoir si le phylloxéra, né de l'œuf d'hiver, se porte aux parties souterraines ou aux parties aériennes est très controversée.

Page 22

6. — J. LICHTENSTEIN. *Histoire du phylloxéra, précédée de considérations générales sur les pucerons*. Montpellier, C. Coulet, 1878.

Page 23

7. — BOITEAU. *La génération du phylloxéra*. Compte rendu de l'Académie des sciences, 5 janvier 1885. D'après M. Boiteau, le phylloxéra pourrait se reproduire, par voie de générations non sexuées, pendant quatre ans au moins.

8. — J.-A. BARRAL. *Conférence sur le phylloxéra*. Paris, 1882. La fécondité des générations des mères pondeuses souterraines, d'après M. Balbiani, irait en diminuant à mesure qu'elles s'éloignent de l'œuf initial. Même avec cette réserve, cette fécondité est encore suffisamment effrayante.

Page 24

9. — Lettre de M. FAUCON à M. Dumas. *Comptes rendus de l'Académie des sciences*. 3 novembre 1879.

Page 25

10. — M. GIRARD. *Le phylloxéra*. Paris, Hachette, 1883.

Page 28

11. — Interwiew de M. le Comte Alfred WERLÉ dans le *Matin*.

Page 29

12. — G. VIMONT. *La défense des vignes champenoises*. Châlons, Martin frères, 1893.

Page 30

13. — Maurice GIRARD. *Le phylloxéra*. Le froid a bien peu d'action sur les insectes. En voici un exemple. Les œufs de ver à soie, arrivant par caravane du Japon ou de la Chine, à travers les steppes glacés de la Sibérie, supportent sans danger des froids de — 25°.

Page 31

14. — E. PETIOT. *Le Phylloxéra en Champagne*. M. Petiot, président de la Société de viticulture de Châlon-sur-Saône, a remarqué que, dans les vignes de Bourgogne, plantées en Gamay, et non provignées suivant l'usage, les ravages ont été beaucoup plus rapides et plus graves que dans les vignes de la même région, plantées en Pinot et provignées. Des observations analogues ont été faites en Suisse. Dans des vignes contiguës, les unes plantées en Fendant Roux, qui ne se provigne pas, et les autres en Pinot provigné, les effets de la maladie ont été très différents : les premières sont disparues deux fois plus vite que les dernières.

15. — Dr H. JOLICŒUR. *Le phylloxéra dans la Marne. Annuaire Matot-Braine*. Reims, 1894. « La multiplicité des foyers, conclut le Dr Jolicœur, suffit avec l'âge de l'invasion à affirmer l'imminence du danger que court le vignoble champenois. Il faut redouter une invasion générale si bien préparée par les deux années qui viennent de s'écouler. En cette occurence, il est impossible de concevoir une idée de l'étendue des pertes à subir. »

Page 33

16. — Résolution du Congrès international de Lausanne. C'est dans ce congrès officiel que les délégués des principaux états européens ont arrêté les termes de la législation, qui régit aujourd'hui toutes les puissances contractantes. Les questions de défense les plus importantes y ont été l'objet d'une très intéressante discussion.

17. — G. FOEX, directeur de l'Ecole nationale de viti-

culture de Montpellier. *Cours complet de viticulture.* C. Coulet, Montpellier, 1891.

Page 34

18. — Dr Fatio. *Compte rendu du congrès international de l'Exposition de 1878.* M. le Dr V. Fatio est un de ceux qui ont dirigé officiellement les traitements d'extinction en Suisse. Ses conseils ont donc une valeur toute particulière en l'espèce.

19. — *Conférences fédérales* du Dr Fatio.

Page 35

20. — Prosper de Lafitte. *Quatre ans de luttes.* Paris, 1883.

J.-E. Planchon. *La question phylloxérique. Revue des Deux-Mondes,* 1877.

21. — Rapport du Dr Fatio, 1876.

Page 36

22. — *Résolution du Congrès international de Lausanne.*

Duchesse de Fitz-James. *Le phylloxéra en Champagne. Nouvelle Revue,* 1892.

Page 37

23. — Rapport de M. James Roulet, expert fédéral en Suisse. 18 juillet 1879.

24. — G. Vimont. *La défense des vignes champenoises.*

Page 38

25. — Rapport de la Commission chargée par le Ministre d'étudier la situation du vignoble champenois. Cette Commission était composée de MM. Risler, directeur de l'Institut national agronomique, *président;* Ravaz, directeur de la station viticole de Cognac, *secrétaire;* Marès, président de la Commission départementale de l'Hérault; Viala, professeur à l'Institut national agronomique; Magnien, professeur départemental de la Côte-d'Or; Bignon aîné, viticulteur.

Dr H. JOLICŒUR. *Le phylloxéra dans la Marne. Annuaire Matot-Braine.* Reims, 1894. D'après les intéressants résumés, publiés annuellement par M. le Dr H. Jolicœur, la superficie des parcelles reconnues phylloxérées et détruites serait actuellement de près de 5 hectares.

Ces parcelles se répartissent ainsi qu'il suit :

DATE de la DÉCOUVERTE de la TACHE	COMMUNE	LIEUDIT	SUPERFICIE de la TACHE
6 août 1892....	Le Mesnil-sur-Oger.	Bas-Varnaux	30 ares.
7 août 1892....	Mardeuil..........	Le Clos, les Grillottes......	34 ares.
11 août 1892...	Chavost.	Courcourt..................	25 ares.
13 août 1892...	Moussy	La Loge-Pinart............	10 ares.
23 août 1892...	Mancy	Les Putrous	30 ares
25 août 1892...	Damery..	Montmignon, les Murs-Planchets	32 ares.
23 août 1892...	Soilly...	Le Chemin-Morlot..........	7 ares.
24 août 1892...	Vauciennes	Hareng	5 ares.
30 août 1892...	Nesle-le-Repons....	Derrière-l'Église	25 ares
19 octobre 1892	Bisseuil............	—	16 ares
10 mai 1893...	Avize.......... ...	Voie-d'Oger	30 cent.
28 juin 1893...	Ambonnay.	La Sèque..........	7 ares.
19 juillet 1893	Le Breuil..........	—	—
20 juillet 1893	Cumières	Les Culées et les Jarretières	25 ares.
24 juillet 1893.	Nogent-l'Abbesse ..	Roucissons..............	4 ares.
27 juillet 1893.	Ay................	Les Crohaux...............	—
27 juillet 1893.	Épernay	Les Gouttes-d'Or...........	—
1er août 1893..	St-Martin-d'Ablois..	Les Crayons................	—
2 août 1893 ...	Venteuil............	Cour-Baron	—
23 août 1893...	Barbonne-Fayel...	—	—
27 sept. 1893..	Grauves	—	—
27 sept. 1893..	Hautvillers	—	—

Soit au total : 28 taches comprenant près de 5 hectares.

26. — Duchesse de FITZ-JAMES. *Le phylloxéra en Champagne.*

27. — Voir les statistiques publiées par la Chambre de Commerce.

Voici, pour plus amples détails, le tableau complet de la production dans la Marne depuis 1881 :

ANNÉES	NOMBRE D'HECTOLITRES RÉCOLTÉS	ANNÉES	NOMBRE D'HECTOLITRES RÉCOLTÉS
1881	664.870	1888	210.459
1882	320.844	1889	277.727
1883	414.430	1890	253.348
1884	524.043	1891	161.286
1885	372.685	1892	127.716
1886	296.609	1893	740.107
1887	473.149		

De 1881 à 1885, il a été récolté dans le département de la Marne 2.296.872 hectolitres, soit une moyenne de 459.374 hectolitres par an.

De 1886 à 1893, il a été récolté 2.540.400 hectolitres, soit une moyenne de 317.550 hectolites seulement par an.

Page 42

28. — Rapport de M. Ravaz.

P. Mouillefert. *Traitement des vignes phylloxérées par le sulfocarbonate de potassium*. Paris, *Librairie agricole*, 1879.

Page 43

29. — Rapport de M. Ravaz.

G. Gastine et G. Couanon. *Emploi du sulfure de carbone contre le phylloxéra*, Bordeaux, Féret, 1884.

Page 45

30. — Foex. *Cours complet de viticulture*. C. Coulet, Montpellier, 1891.

Page 46

31. — PULLIAT. *La vigne américaine*, 1877.

32. — PLANCHON. *La question phylloxérique. Revue des Deux-Mondes*, 15 janvier 1877.

Page 47

33. — Duchesse de FITZ-JAMES. *Nouvelle Revue*, 15 avril 1892.

Page 48

34. — Rapport de M. RAVAZ.

Page 51

35. — Rapport de M. RAVAZ.

Félix SAHUT. *Les vignes américaines*. Coulet, Montpellier, 1887.

36. — GRANDEAU. *Etudes agronomiques*.

Page 52

37. — FOEX. *Cours complet de viticulture*. C. Coulet, Montpellier, 1891.

38. — RAVAZ, directeur de la station viticole de Cognac.

39. — E. PETIOT, président de la Société de viticulture de Châlon-sur-Saône.

Page 53

40. — Proposition de M. LOCHE à la séance du Comité central d'études, du 29 octobre 1892.

Page 54

41. — Félix SAHUT. *Les vignes américaines*. Coulet, Montpellier, 1877.

Page 59

42. — G. COUANON. Compte rendu de l'Académie des sciences.

Page 61

43. — La pépinière, installée à Châlons-sur-Marne, sous l'habile et active direction de M. Doutté, pourra

donner, dans deux ou trois ans, 250,000 boutures américaines par an. De plus, M. Doutté a eu l'heureuse idée de faire confectionner par ses greffeurs 25,000 greffes boutures de bonnes variétés américaines sur nos cépages champenois, qui pourront, dès le printemps prochain, être distribués gratuitement aux communes et aux particuliers qui en feront la demande.

Notre dévoué professeur départemental d'agriculture a par cette organisation rendu un service signalé au pays.

Page 63

44. — VIDAL. *Revue des Deux-Mondes*, août 1884.

Page 64

45. — Séance du Comité central d'études du 25 novembre 1893. Extrait du procès-verbal : « M. le Préfet » pense qu'il est dans le rôle du Comité de vigilance, » d'étudier scrupuleusement la situation générale du » vignoble et de donner son avis sur la direction générale » à donner à la défense dans la campagne prochaine.

» *Jusqu'à présent, en effet, on s'en est tenu au procédé* » *d'extinction ;* le Syndicat de défense s'est formé et a » accompli sa tâche avec un dévouement et une constance » méritoires malgré les difficultés qu'on lui a sans cesse » opposées ; mais il est indiscutable que la *situation s'est* » *modifiée depuis le jour de sa formation ; de divers côtés* » *on se demande si, malgré tout ce que nous avons pu faire,* » *la méthode d'extinction a donné le résultat attendu,* » *c'est-à-dire a maintenu indemne le vignoble, si toutes les* » *parties contaminées ont été arrachées, ou bien, si malgré* » *ces sacrifices, d'ailleurs peu considérables, l'insecte n'a* » *pas envahi une grande partie du vignoble.*

» Quel que soit le parti qu'on veuille prendre, il est » nécessaire d'examiner très sérieusement la situation » actuelle et de *donner une indication très nette sur la* » *façon dont la défense doit être continuée.* »

TABLE

DU MÊME AUTEUR

En préparation :

LA CHAMPAGNE & SES VINS

SORTI DES PRESSES DE LA MAISON MATOT-BRAINE

REIMS

www.ingramcontent.com/pod-product-compliance
Lightning Source LLC
LaVergne TN
LVHW020037170826
845678LV00001B/289

9782329696157